万物有道理

图解万物百科全书

[西班牙] SOL90公司 著　　周玮琪 译

神奇的人体

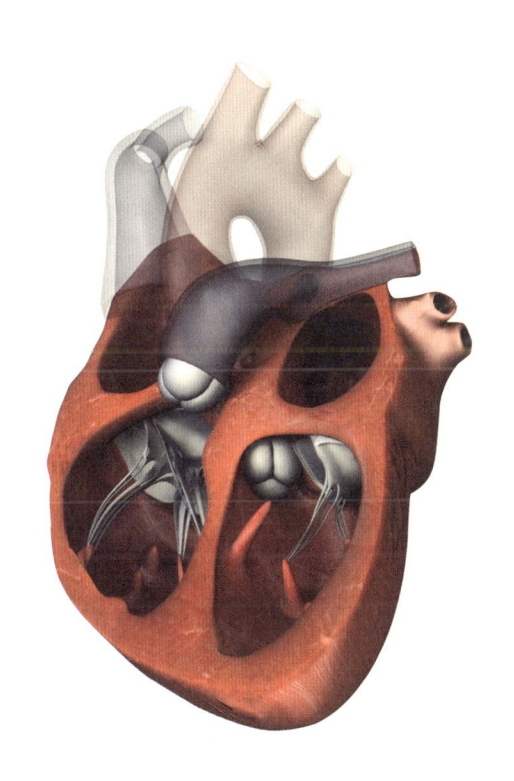

北京理工大学出版社
BEIJING INSTITUTE OF TECHNOLOGY PRESS

目录

神奇的人体

人体系统	3
细胞	5
骨骼系统	7
肌肉系统	9
循环系统	11
心脏	13
血液	15
泌尿系统	17
呼吸系统	19
消化系统	21
内分泌系统	23

神经系统	25
脑	27
视觉	29
听觉	31
嗅觉和味觉	33
淋巴系统	35

神奇的人体

人体是宇宙中最复杂的结构之一。以人脑为例，其中的节点数量比地球上所有计算机的总和还要多。人体是由许多不同的器官组成的，正是它们协同作用让人体保持正常运行。

肌肉

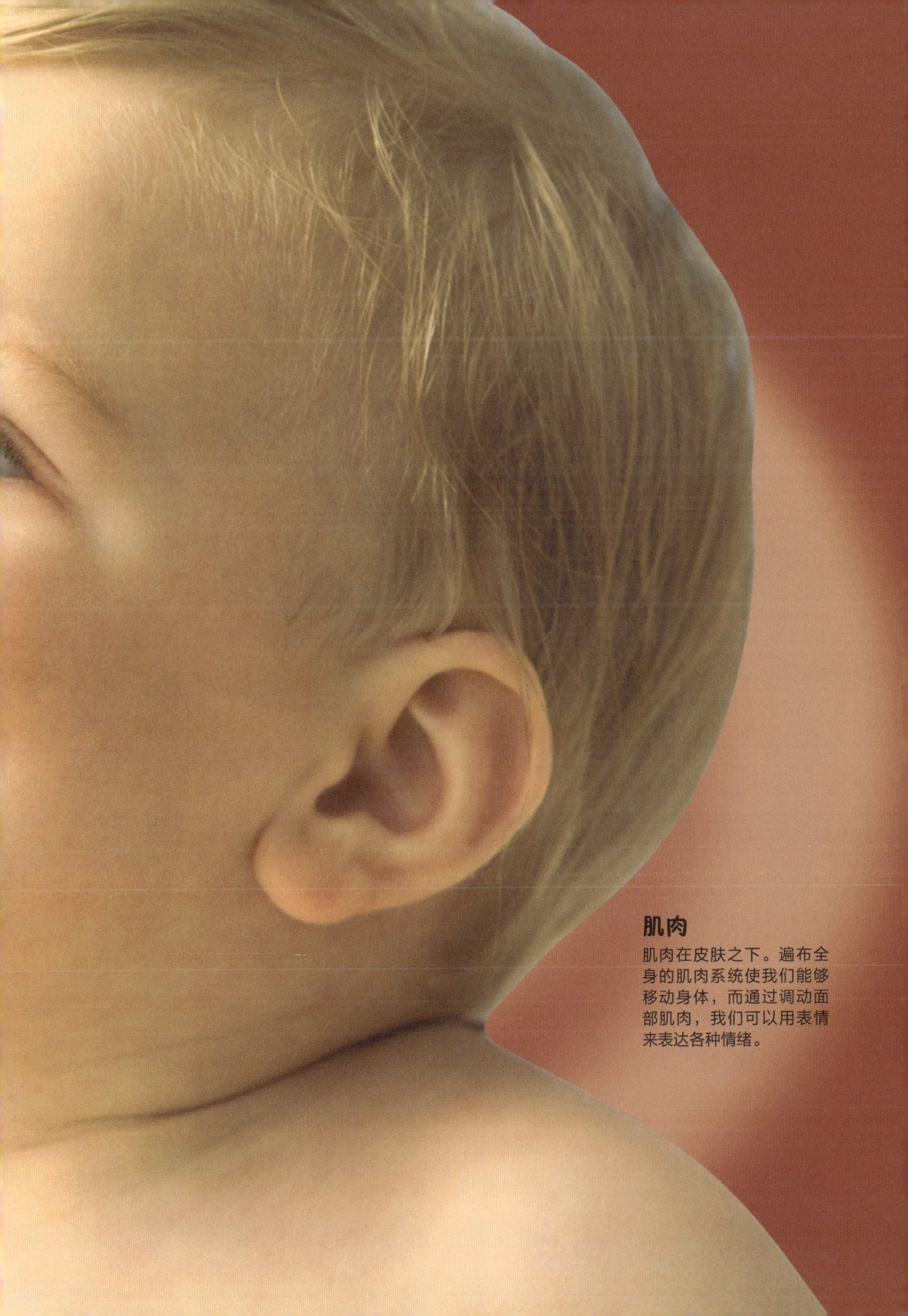

肌肉在皮肤之下。遍布全身的肌肉系统使我们能够移动身体，而通过调动面部肌肉，我们可以用表情来表达各种情绪。

人体系统

人体是非常复杂的，各种器官在其中协同工作，帮助人类保持身体健康。根据不同器官的功能，我们将它们划归为不同的系统。

消化系统
消化系统帮助我们从食物中获取能量。它是一条通道，从口腔开始，穿过胃和肠，最后在直肠肛门结束。

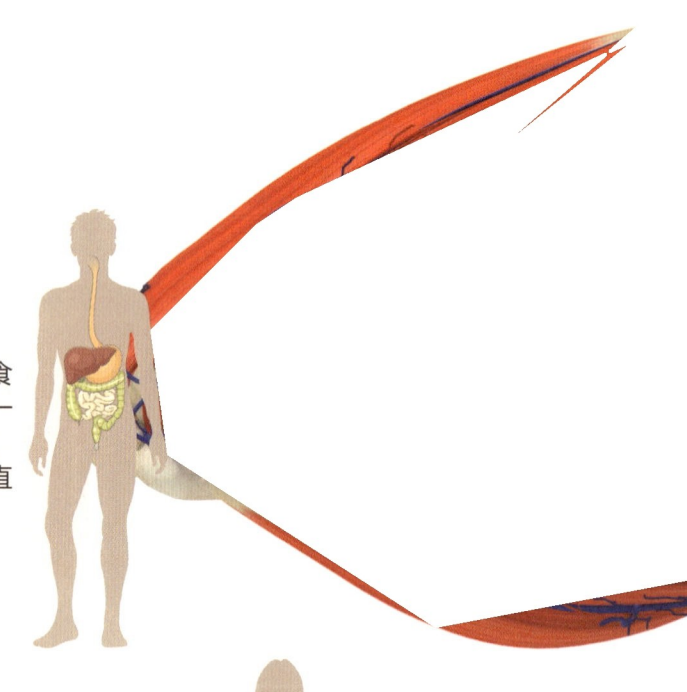

淋巴系统
淋巴系统与免疫系统一起协同工作，有助于人体对抗有害细菌和病毒。

泌尿系统
肾是泌尿系统的主要器官。这个系统帮助我们通过尿液排出体内的废物。

呼吸系统
呼吸系统帮助人体吸氧，氧气从肺部进入血液。

生殖系统
生殖系统的功能是繁殖。男性和女性的生殖系统区别很大。

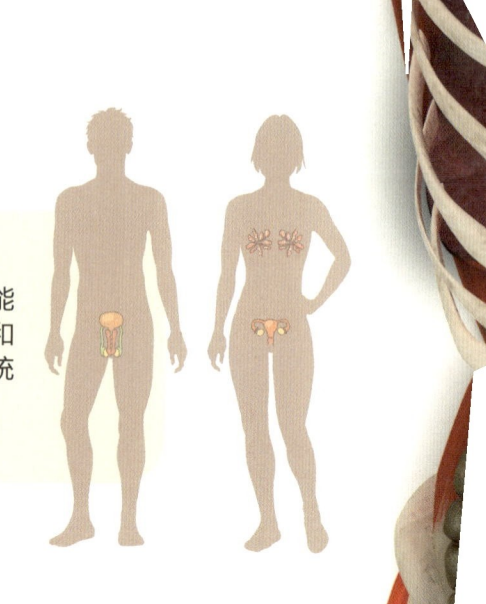

人体系统 4

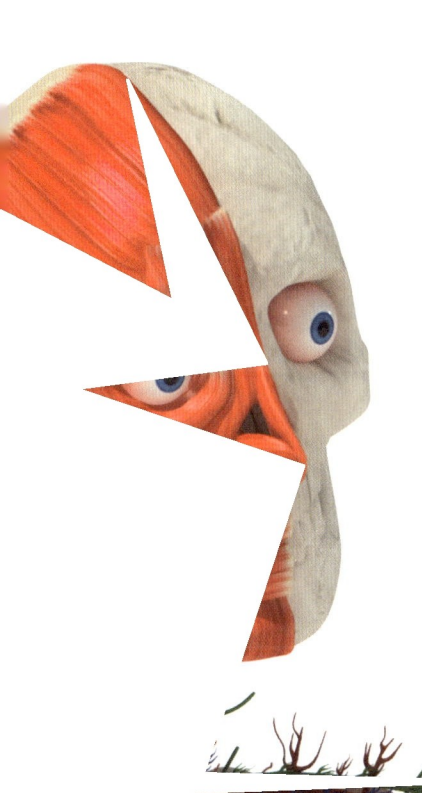

神经系统
神经系统的主要器官是大脑，它控制其他系统并决定每个系统的工作内容。

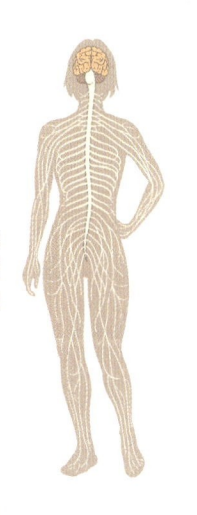

骨骼系统
骨骼系统是由骨头组成的，不仅负责塑形和支撑身体，还可以帮助身体移动。

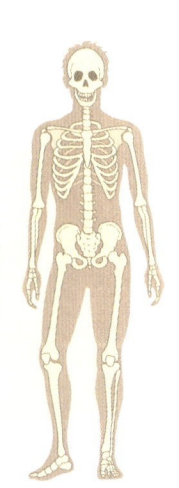

19 000 千米
这是一天内血液在身体中流动的距离。

内分泌系统
腺体是内分泌系统的一部分，能制造一种被称为荷尔蒙的化学物质，帮助身体进行工作。

循环系统
这个系统由动脉、静脉和心脏组成，可以将血液输送到全身各处。

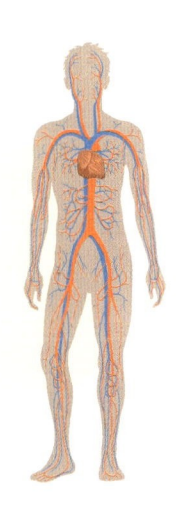

肌肉系统
肌肉和骨骼一起工作，帮助我们活动、呼吸和消化食物。

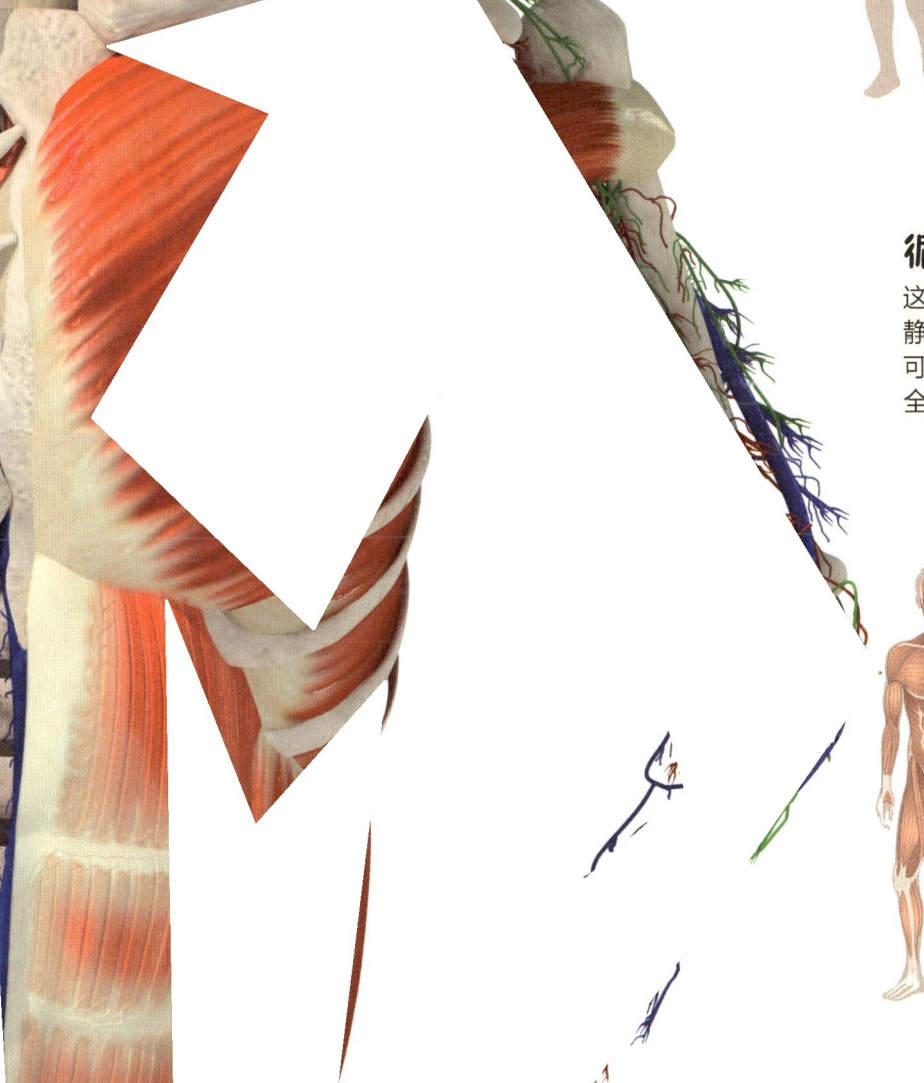

细胞

人体由大量的细胞构成，只有通过显微镜，才能观察到这些极小的细胞。每个人体细胞都由外层的细胞膜和内部的细胞核与细胞质构成。

寿命
有些细胞只能存活3~5天，而有些能伴随人类终生。

癌症
有时细胞会出问题，开始失控生长，进而导致一种叫作癌症的疾病。要治愈癌症，就必须彻底清除这些有问题的细胞。

细胞骨架
这些"骨架"可以让细胞的形状保持不变，还可以自由移动。

溶酶体
溶酶体能够分解细胞产生的废物。

高尔基体
加工并传递由粗面内质网制造的蛋白质。

粗面内质网
制造和运输蛋白质。

1000亿
这是成人体内的细胞总数，有210种。

细胞膜
覆盖并保护细胞。

细胞核
控制细胞的活动、生长和繁殖。

有丝分裂
有些细胞可以进行大约50次有丝分裂，在这一过程中，一个细胞最终会产生两个新细胞，它们与原来的个体完全相同。正是细胞有丝分裂的存在，使得有机体能够发育、生长和自我修复。

核仁
由核糖核酸和蛋白质构成。

脱氧核糖核酸
其中蕴含的遗传信息能够指导细胞的行为。

细胞质
细胞膜和细胞核之间的区域。

光面内质网
制造细胞需要的多种不同物质。

线粒体
线粒体在细胞质中，负责给细胞提供能量。每个细胞中都有许多线粒体，在能耗更大的细胞中，线粒体的数量更多。

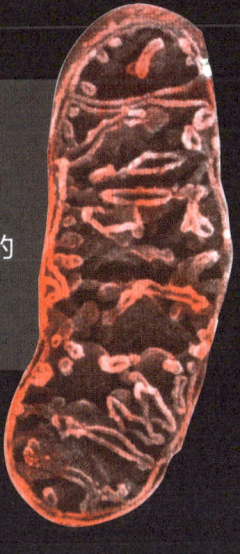

骨骼系统

海绵状组织构成了骨头，进而组成整副骨骼。骨头中含有神经细胞和血液，能储存有利于身体健康的矿物质；骨架构筑体态、支撑身体，不仅赋予我们行动能力，还覆盖并保护了体内器官。

206 块
人体总共有206块骨头。

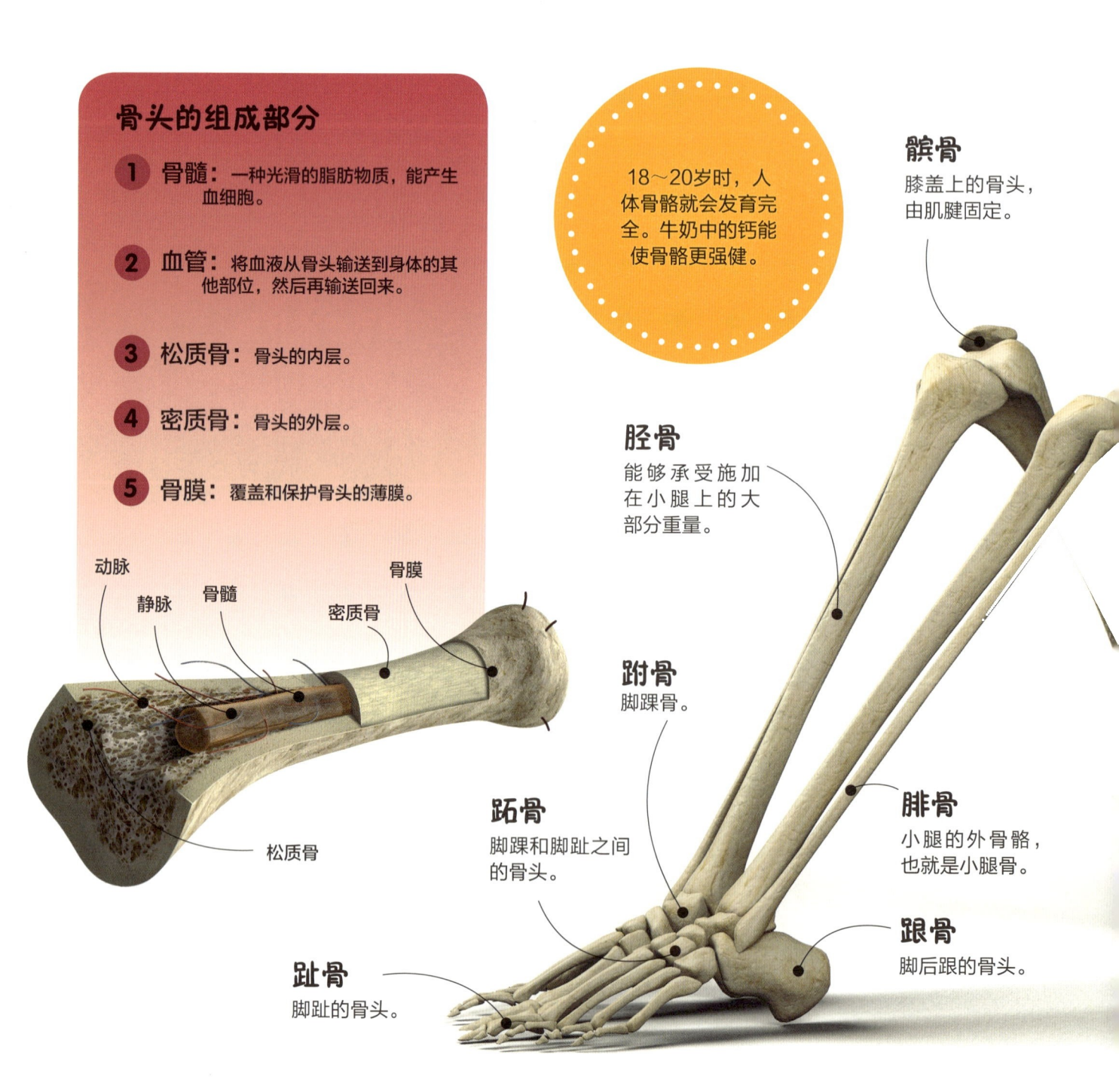

骨头的组成部分

1. **骨髓**：一种光滑的脂肪物质，能产生血细胞。
2. **血管**：将血液从骨头输送到身体的其他部位，然后再输送回来。
3. **松质骨**：骨头的内层。
4. **密质骨**：骨头的外层。
5. **骨膜**：覆盖和保护骨头的薄膜。

18～20岁时，人体骨骼就会发育完全。牛奶中的钙能使骨骼更强健。

动脉　静脉　骨髓　密质骨　骨膜　松质骨

髌骨
膝盖上的骨头，由肌腱固定。

胫骨
能够承受施加在小腿上的大部分重量。

跗骨
脚踝骨。

跖骨
脚踝和脚趾之间的骨头。

腓骨
小腿的外骨骼，也就是小腿骨。

跟骨
脚后跟的骨头。

趾骨
脚趾的骨头。

骨骼系统 **8**

骨头的种类

根据形状大小的不同，人体的骨骼可以相互结合在一起。

1. **短骨**：圆形或圆锥形的骨头，如跟骨。
2. **长骨**：在两个端点之间延伸出的一个中心部分，如股骨。
3. **扁骨**：薄骨片，如头盖骨。
4. **籽骨**：小而圆的骨头，如髌骨。

韧带

韧带类似于非常结实的绳索，而骨头就是通过韧带相互连接的。在骨骼之间还有一种叫作软骨的组织，同样对运动有帮助。

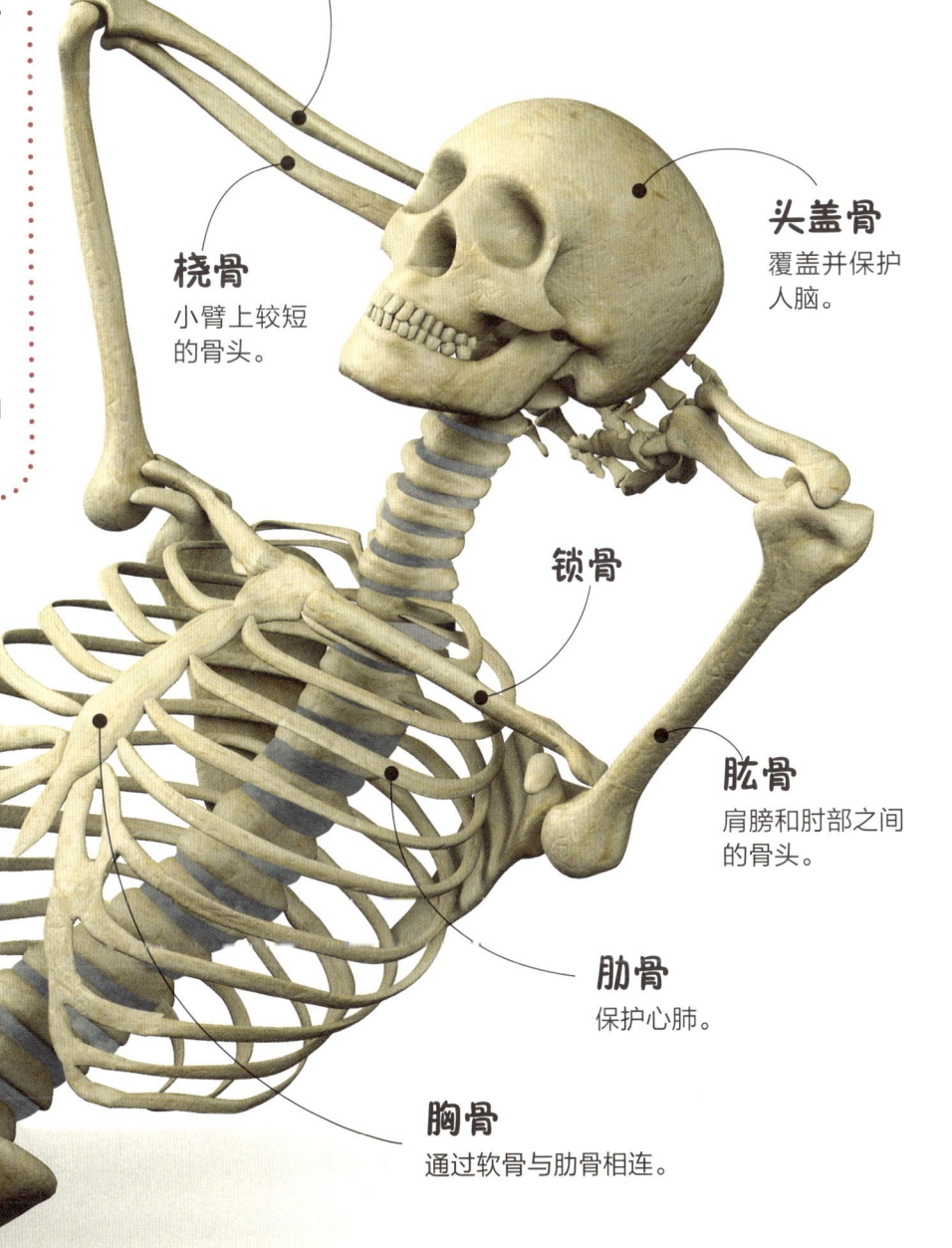

尺骨
小臂内侧的骨头。

桡骨
小臂上较短的骨头。

头盖骨
覆盖并保护人脑。

锁骨

股骨
连接臀部和膝盖的大腿骨。

肱骨
肩膀和肘部之间的骨头。

肋骨
保护心肺。

胸骨
通过软骨与肋骨相连。

骨盆
在腹部容纳并支撑器官。

肌肉系统

肌肉和骨骼共同构筑了人体的形态，并赋予了我们运动的能力。骨骼的每个关节处都有成对的肌肉在工作，使骨骼可以向任意方向移动。

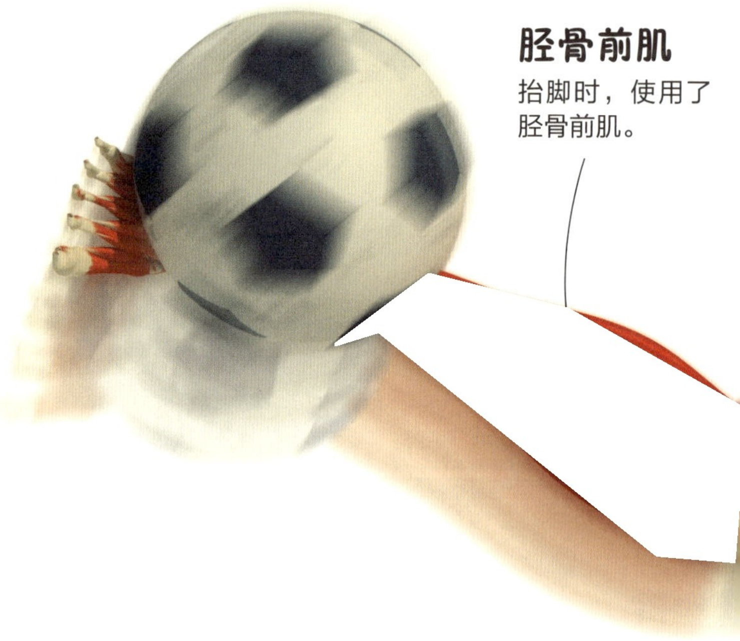

胫骨前肌

抬脚时，使用了胫骨前肌。

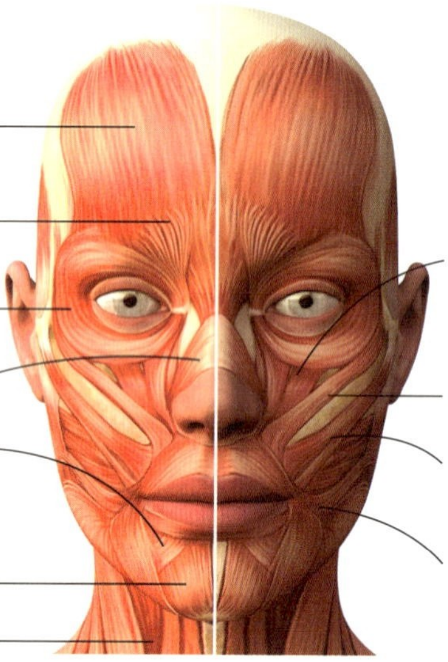
额肌
第二块皱眉肌
眼轮匝肌
鼻肌
降下唇肌
颏肌
颈阔肌
提上唇肌
颧小肌
颧大肌
笑肌

最强壮的肌肉

就大小而言，下颚的咬肌是最强壮的肌肉，它与口腔中其他肌肉一起执行咬的指令。

肌肉的种类

1 骨骼肌

这些肌肉与骨骼相连，我们要做的是控制它们发挥作用。

2 平滑肌

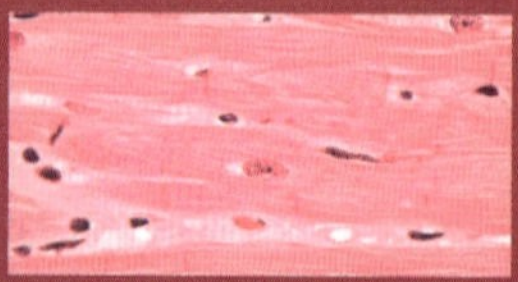

在人体内部器官壁上可以发现这种平滑的肌肉，它们会在不知不觉中起作用。

3 心肌

心肌看起来像骨骼肌，同样也是在悄无声息地起作用。

跟腱

连接腓肠肌和跟骨。

腓肠肌

弯曲脚部的时候会用到腓肠肌。

肌肉系统 10

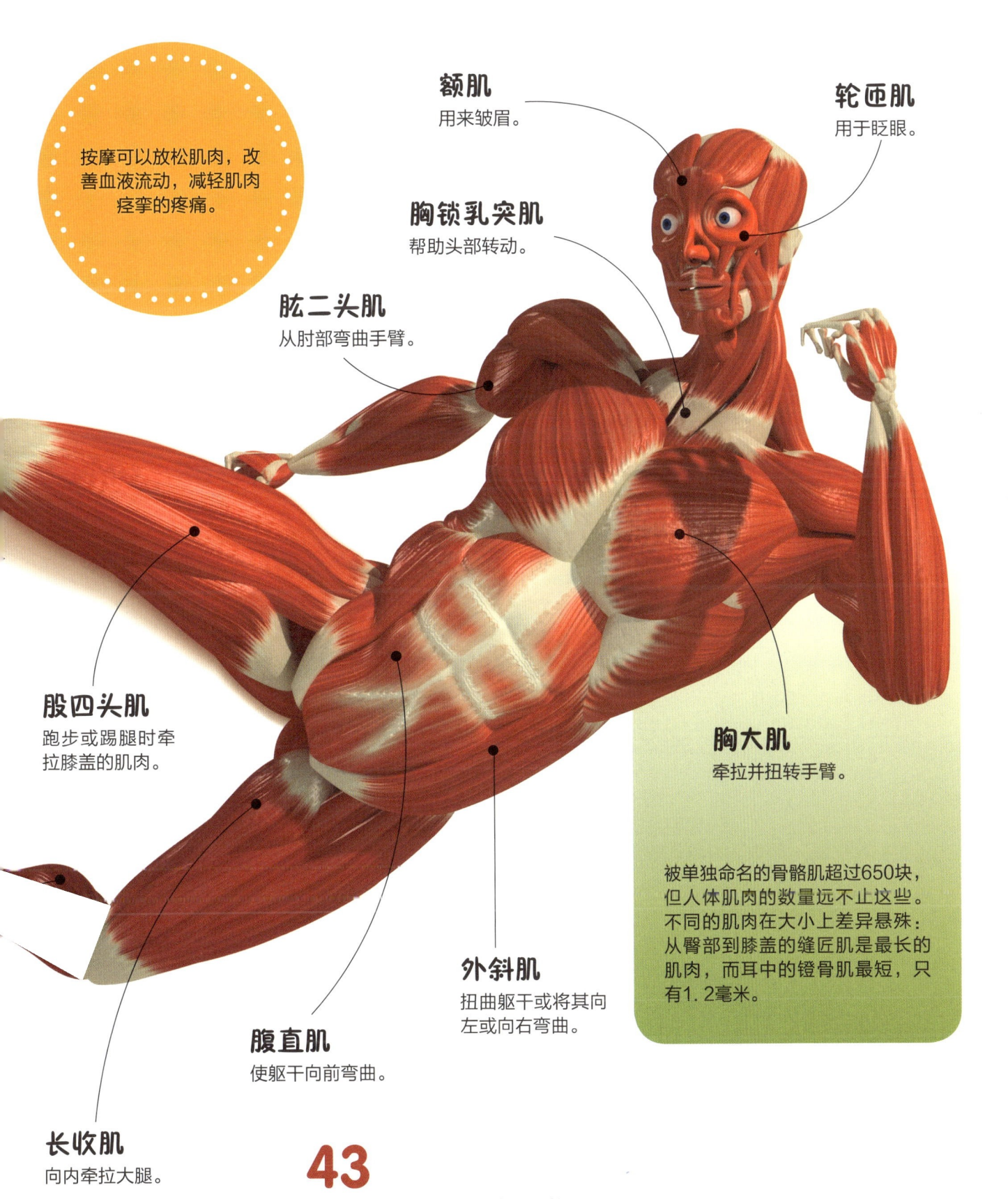

按摩可以放松肌肉，改善血液流动，减轻肌肉痉挛的疼痛。

额肌
用来皱眉。

轮匝肌
用于眨眼。

胸锁乳突肌
帮助头部转动。

肱二头肌
从肘部弯曲手臂。

股四头肌
跑步或踢腿时牵拉膝盖的肌肉。

胸大肌
牵拉并扭转手臂。

被单独命名的骨骼肌超过650块，但人体肌肉的数量远不止这些。不同的肌肉在大小上差异悬殊：从臀部到膝盖的缝匠肌是最长的肌肉，而耳中的镫骨肌最短，只有1.2毫米。

外斜肌
扭曲躯干或将其向左或向右弯曲。

腹直肌
使躯干向前弯曲。

长收肌
向内牵拉大腿。

43
这是面部肌肉的数量，我们可以通过面部肌肉做表情来更好地展现自己的情绪。

循环系统

人体细胞不仅需要食物和氧气，还必须清理代谢产生的废物。这些过程都是由循环系统完成的，它可以通过血液，为细胞提供营养物质，或是带走细胞垃圾。通过心脏的泵送，血液沿着血管的管网到达身体的各个部位。

血液循环

血液在循环系统中流动，穿过心脏，形成状似阿拉伯数字"8"的管网。其中一条最主要的路线，是通过动脉，从心脏向全身输送红色的含氧血液，这些血液会通过毛细血管进入单个细胞。随后，失去氧气的血液变回蓝色，沿着静脉回流到心脏。

锁骨下静脉
连接腋窝和上腔静脉。

肱动脉
每只手臂各一条。

颈静脉
脖颈两侧各有两条，共四条。

左颈动脉

循环系统还能保护身体免受感染，并将体温保持在37摄氏度。

上腔静脉
将血液从头部输送到心脏。

主动脉
动脉系统中最长的一条。

肺动脉
将血液输送到肺部。

循环系统 | 12

如果能够将人体的毛细血管全部首尾相连，那总长可以绕地球两圈。

动脉

含氧血液通过动脉由心脏送达细胞。被心脏泵出的血液压力极大，而动脉血管壁是有弹性的，可以抵抗这种高压的冲击。连接动脉和静脉的是毛细血管，它们的血管壁相对很薄，负责将血液分别输送给各个细胞。

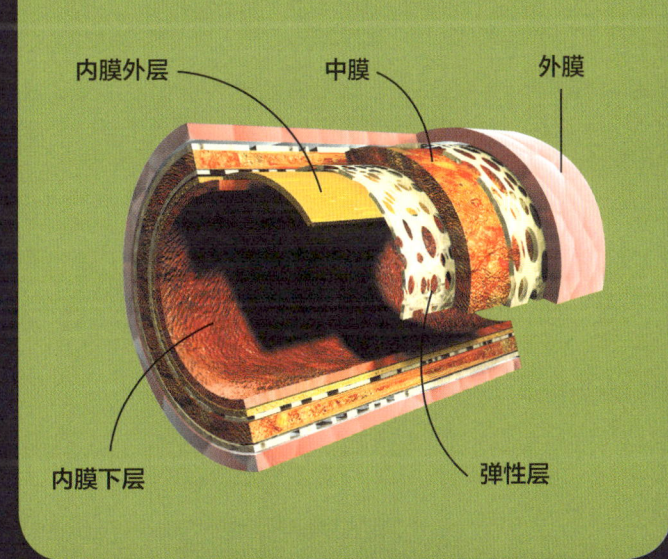

内膜外层　　中膜　　外膜

内膜下层　　弹性层

髂动脉
向骨盆和腿部提供血液。

髂静脉
臀部的主静脉。

股动脉
为大腿提供含氧血液。

下腔静脉
将血液从下半身输送回心脏。

股静脉
沿大腿分布。

2.54 厘米
这是人体主动脉的直径。

心脏

心脏是一块比拳头大些的肌肉，位于胸腔内，两肺之间。它是循环系统的主要器官，通过动脉将含氧血液泵送到全身。失去氧气的血液则通过静脉回到心脏，充氧后再次泵送出去。

心脏类似于一个强有力的泵，在不到一分钟内，就可以将血液输送到身体的每一个细胞。

心房和心室
心脏分为四个部分，两个心房在上部，两个心室在下部。

70 次
这是平均每分钟的心跳次数。

- 颈动脉
- 肺动脉
- 上腔静脉
- 肺静脉
- 下腔静脉
- 血管网
- 主动脉
- 门静脉

血液循环
蓝色的脱氧血液到达心脏的右半部分，进入肺部后，在那里充氧后回到心脏的左半部分，再流向全身。

心跳
一次心跳中，心脏的运动分两步：
舒张：心脏充满血液。
收缩：心脏收缩，迫使血液进入动脉。

血管网
血管网广泛分布在肺、肝、消化系统和身体的上下半部。

心脏 14

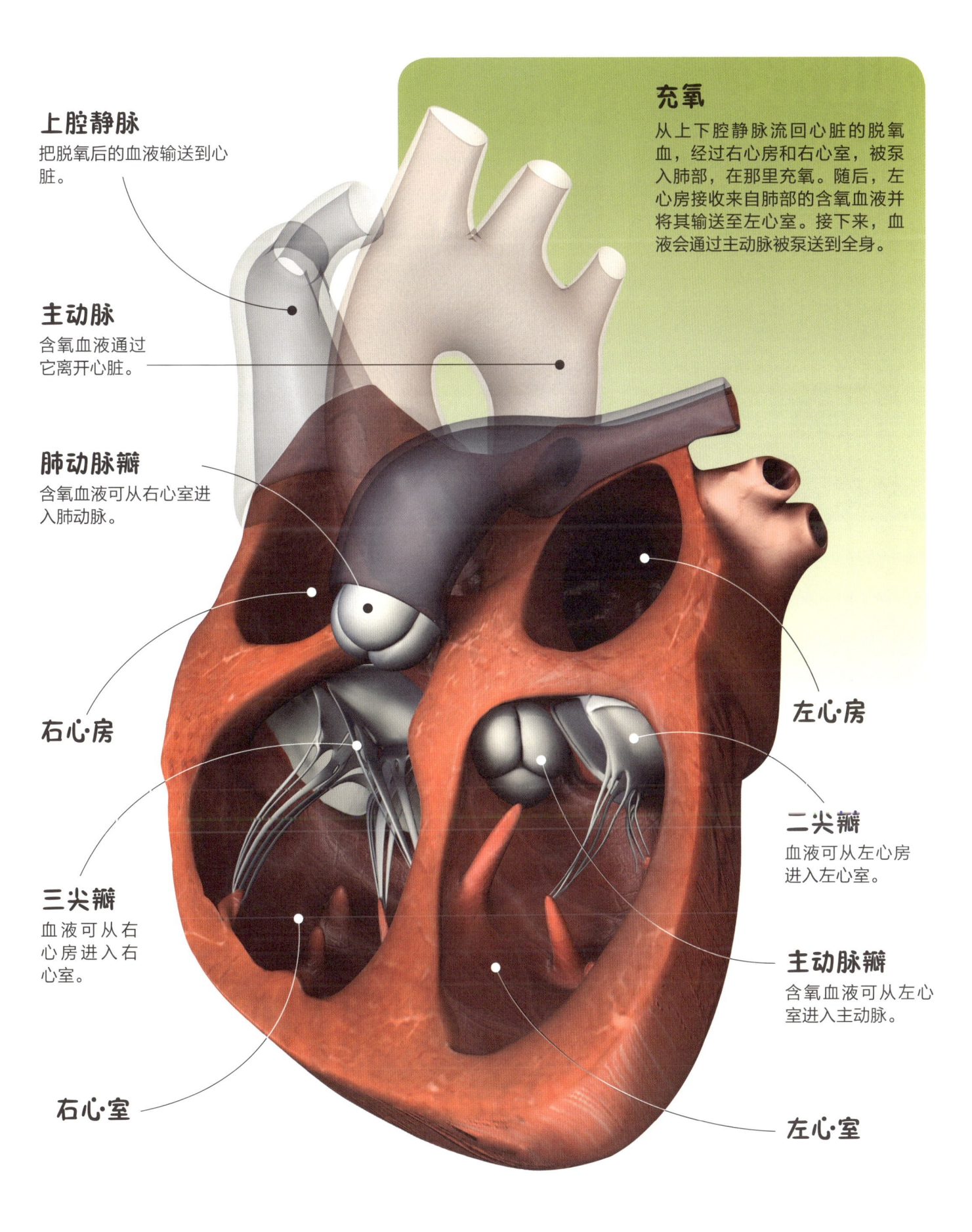

上腔静脉
把脱氧后的血液输送到心脏。

主动脉
含氧血液通过它离开心脏。

肺动脉瓣
含氧血液可从右心室进入肺动脉。

右心房

三尖瓣
血液可从右心房进入右心室。

右心室

充氧
从上下腔静脉流回心脏的脱氧血，经过右心房和右心室，被泵入肺部，在那里充氧。随后，左心房接收来自肺部的含氧血液并将其输送至左心室。接下来，血液会通过主动脉被泵送到全身。

左心房

二尖瓣
血液可从左心房进入左心室。

主动脉瓣
含氧血液可从左心室进入主动脉。

左心室

血液

血液是一种液态的身体组织，包括水、溶解在其中的物质和血细胞。血液通过血管在体内流动，将消化吸收的物质输送到全身各个部位。同时，它还将氧气从肺部输送给人体组织，并将有害的二氧化碳从组织中运回肺部。

红细胞
红细胞的主要作用是从肺部吸收氧气，并在身体的其他部位将氧气释放。

白细胞
白细胞可以攻击细菌、病毒和其他有害生物，保护身体免受感染。

血小板
血小板可以修复破裂的血管，促进伤口的血液凝固。

红细胞里有一种叫作血红蛋白的蛋白质，正是它们使血液呈红色。

凝血

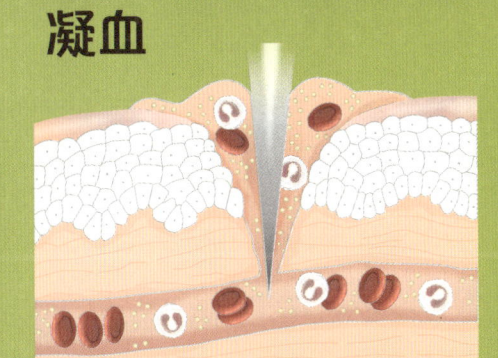

1 受伤后，伤口周围血液中的血小板会变得黏稠。

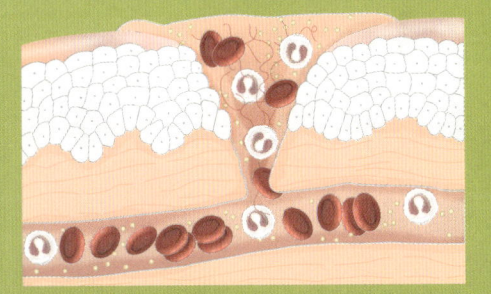

2 大量血小板形成一个帽状结构，阻止血液从伤口流出，同时释放出能凝结血液的化学物质。

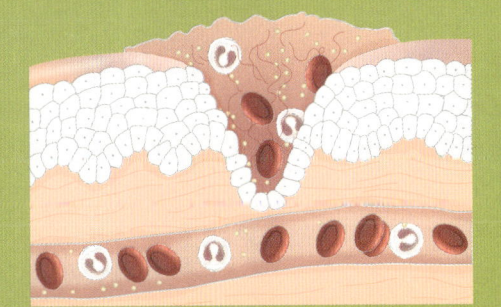

3 伤口周围的细胞开始分裂，覆盖伤口。

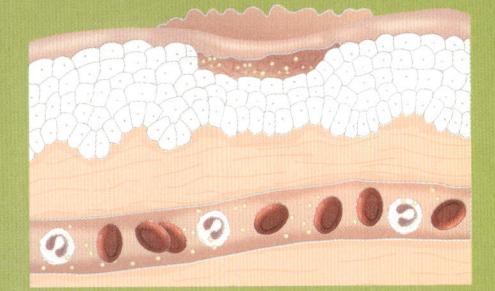

4 伤口表现结痂或结伤疤。在这层外壳下面，受损的血管会进行自我修复。

神奇的人体

泌尿系统

泌尿系统能净化血液，维持体内水分和矿物质的水平。整个系统由肾、输尿管和膀胱组成，其中，肾是负责泌尿的主要器官。每五分钟，泌尿系统就会将全身的血液过滤一遍，无用的废料、水和盐经由肾形成尿液，然后通过膀胱排出体外。

> 细胞不断地将废料释放进血液，最终会通过尿液从体内排出。

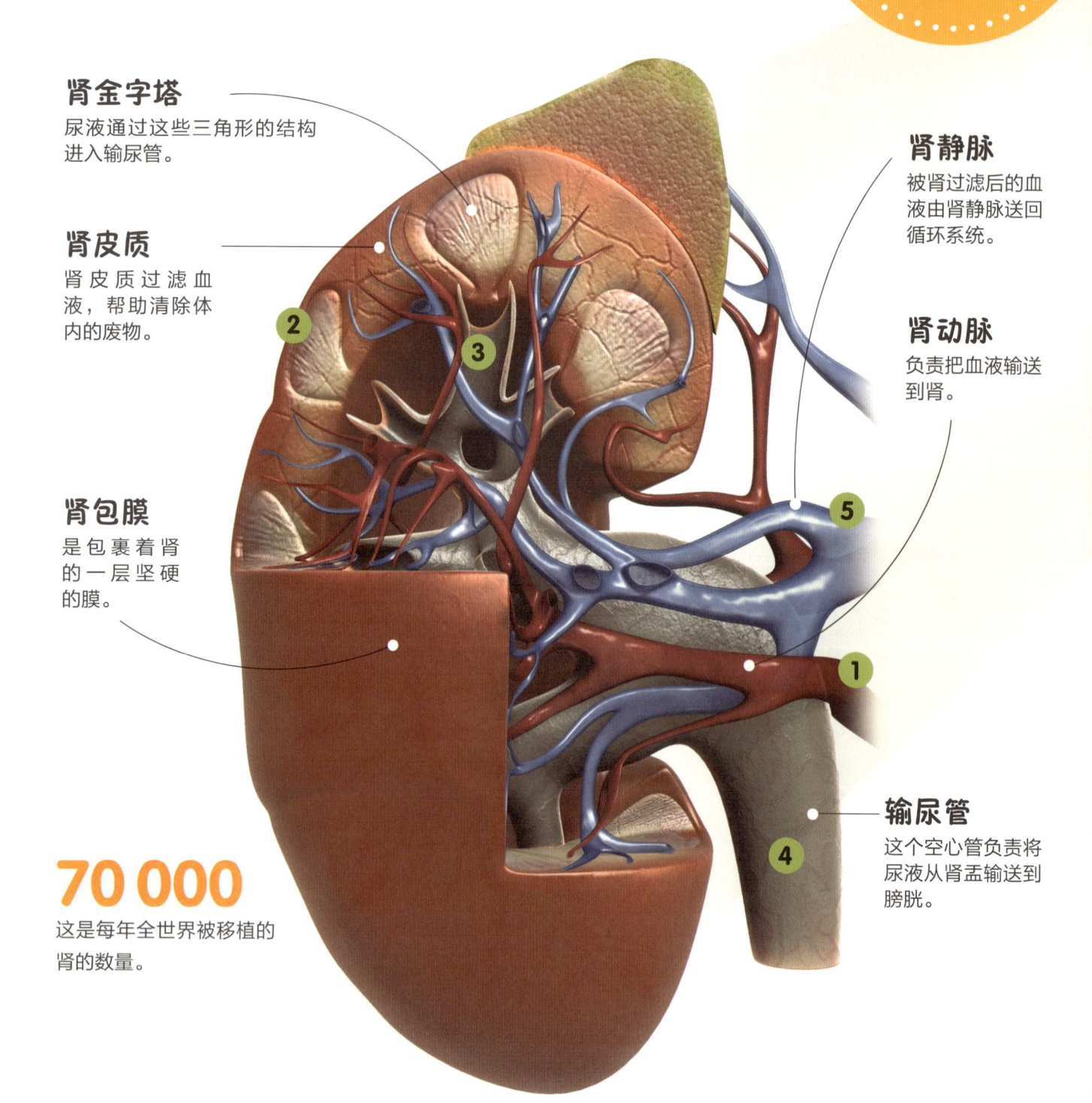

肾金字塔
尿液通过这些三角形的结构进入输尿管。

肾皮质
肾皮质过滤血液，帮助清除体内的废物。

肾包膜
是包裹着肾的一层坚硬的膜。

肾静脉
被肾过滤后的血液由肾静脉送回循环系统。

肾动脉
负责把血液输送到肾。

输尿管
这个空心管负责将尿液从肾盂输送到膀胱。

70 000
这是每年全世界被移植的肾的数量。

泌尿系统 18

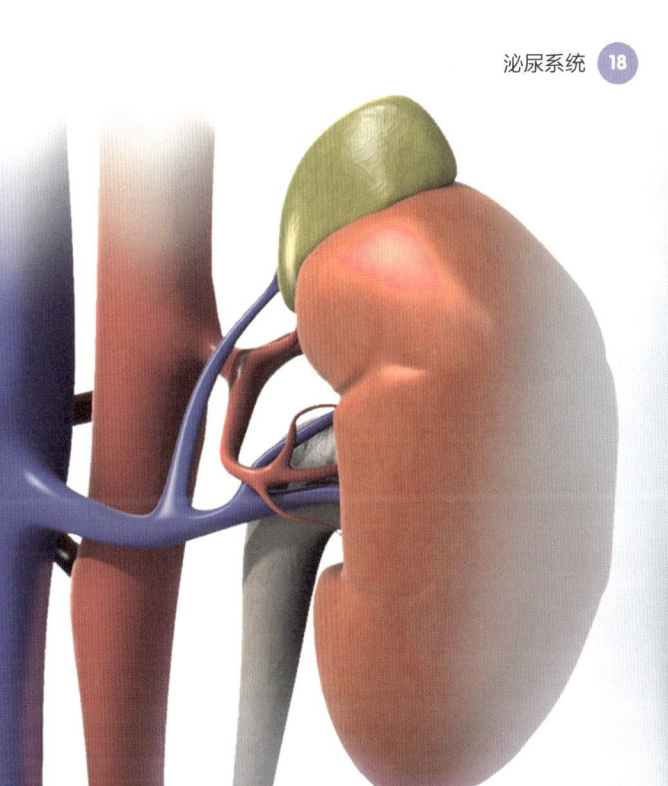

肾循环

1 血液流入
血液通过肾动脉进入肾。

2 过滤
肾元负责过滤血液中的废物。

3 废物
无用的液态代谢产物被转化成尿液。

4 尿液
尿液经过输尿管、膀胱和尿道，然后被排出体外。

5 净化血
净化后的血液通过肾静脉返回循环系统。

膀胱

排尿是将膀胱内的尿液排空的过程。通常情况下，膀胱能容纳三分之一升的液体，而在极端情况下，它也可以容纳2~3升。

膀胱

呼吸系统

呼吸是身体吸入和呼出空气的过程。在这个过程里，我们吸入氧气，呼出二氧化碳等废气。肺是呼吸系统的主要器官。

15 次
成人平均每分钟呼吸的次数。

连续运动

1 鼻子：空气通过鼻孔进入。

2 咽：在空气通过咽部时，扁桃体会检测并消灭其中的危险有机体。

3 喉：喉与气管相连，有一个叫作会厌的皮瓣结构。吞咽时，活动的会厌将关闭气管的通路，把食物和水引导进胃，防止它们误入气道。

4 气管：空气通过气管进出肺部。

5 支气管：到达肺部时，会变成两个支气管，分别进入左右肺。

6 血液：氧气进入血液，而二氧化碳则从血液进入肺部的空气中。呼气时，这些二氧化碳就会被释放出来。

打呵欠

我们在任何时候都有可能打呵欠，而且控制不了。打呵欠是疲劳、放松或无聊的表现，我们会深呼吸，张大嘴，伸展脸部肌肉。呵欠是可以传染的，在别人打呵欠的时候，我们也会不由自主地跟着做。

呼吸系统 20

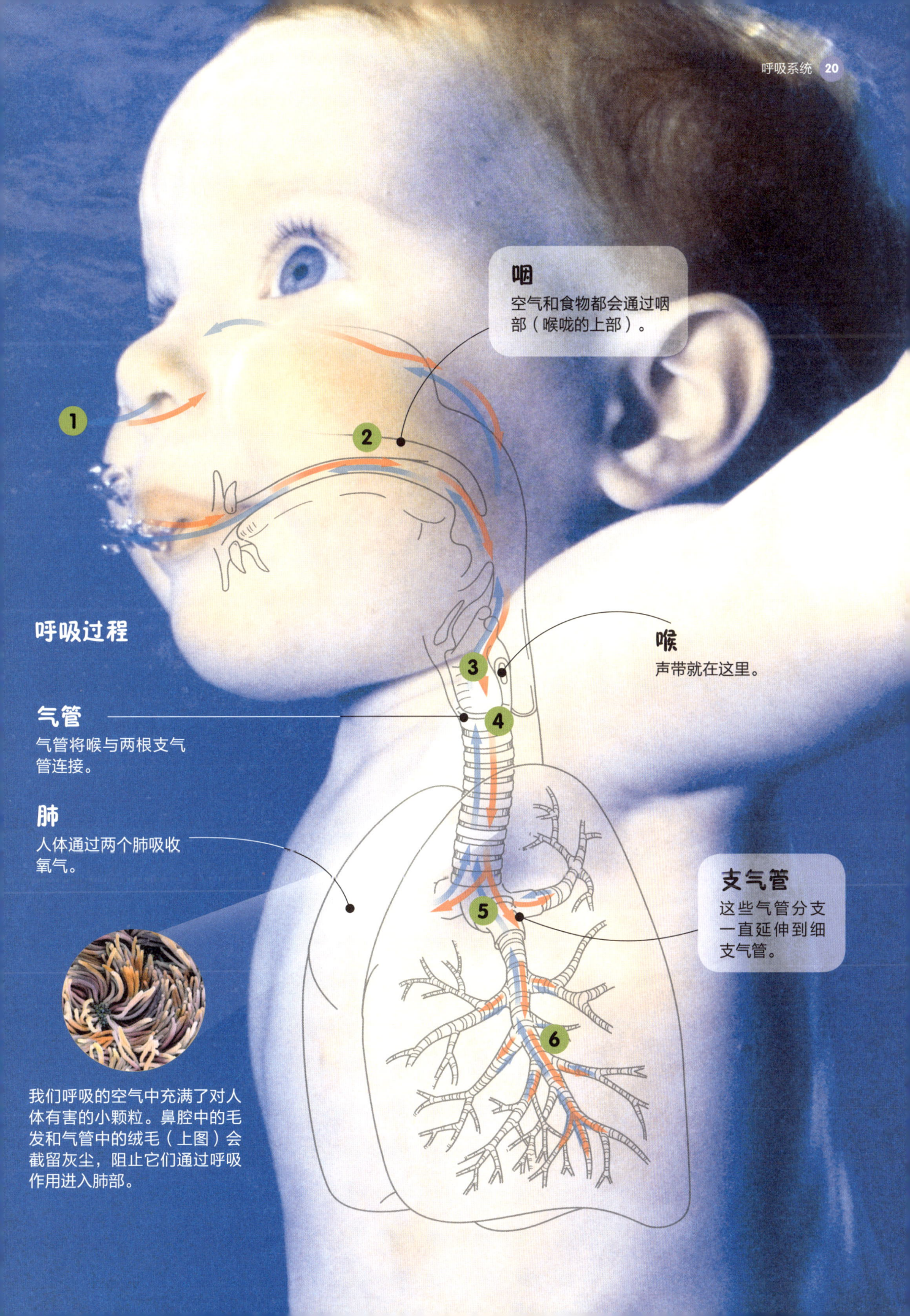

咽
空气和食物都会通过咽部（喉咙的上部）。

喉
声带就在这里。

呼吸过程

气管
气管将喉与两根支气管连接。

肺
人体通过两个肺吸收氧气。

支气管
这些气管分支一直延伸到细支气管。

我们呼吸的空气中充满了对人体有害的小颗粒。鼻腔中的毛发和气管中的绒毛（上图）会截留灰尘，阻止它们通过呼吸作用进入肺部。

消化系统

消化系统负责分解摄入的食物，留下身体可以利用的成分，分离并清除其他无用的物质。在消化系统中，胃和小肠将食物进一步分解成更简单的物质，参与这一过程的还有胰腺和肝等其他器官，它们在其中起辅助作用。

食道的肌肉极有力量，即使我们倒立，食物也会顺利进入胃部。

3 种

人体的主要营养物质有三种：碳水化合物、脂肪和蛋白质。

龋洞

如果我们没有做好牙齿和口腔的清洁，食物和细菌的混合物就会在牙齿表面形成一层菌斑。牙菌斑释放的酸性物质能侵蚀牙齿，形成龋（洞）。牙菌斑中的细菌自带一种胶状物质，可以使牙菌斑牢牢地附着在牙齿上，极难去除。

刷牙

在刷牙时，还应该清洁舌头和上颚。

牙齿

通常情况下，成人有32颗牙齿。在咀嚼过程中，牙齿会咬碎嘴里的食物，灵活的舌头则像揉面团一样，将食物加工成被称为食团的团块。

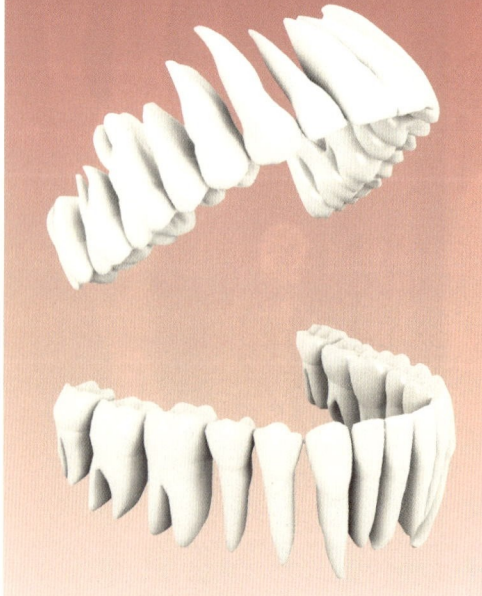

第一颗牙齿

幼儿有20颗较小的乳牙。6岁或7岁的时候，乳牙脱落，被恒牙代替。

消化系统 22

食物一日游

1 嘴（20秒）
食物从嘴进入人体。在舌头和唾液的帮助下，被牙齿压碎和咀嚼，然后借助唾液，揉成球状，方便吞咽。

2 食道（10秒）
食团会很快穿过食道。不到10秒，就到达了胃。

3 胃（3小时）
食物在胃里停留3~6小时，期间它们会变成面团状。

4 小肠（5小时）
小肠中的消化过程会持续5~6小时。剩下的食物组分已经变成液态，进入大肠。

5 大肠（12小时）
到达大肠的物质会停留12~24小时。水被从中抽出，余下的物质形成半固态的粪便。

6 直肠（20小时）
进食20~36小时以后，排泄物会通过肛门排出体外。

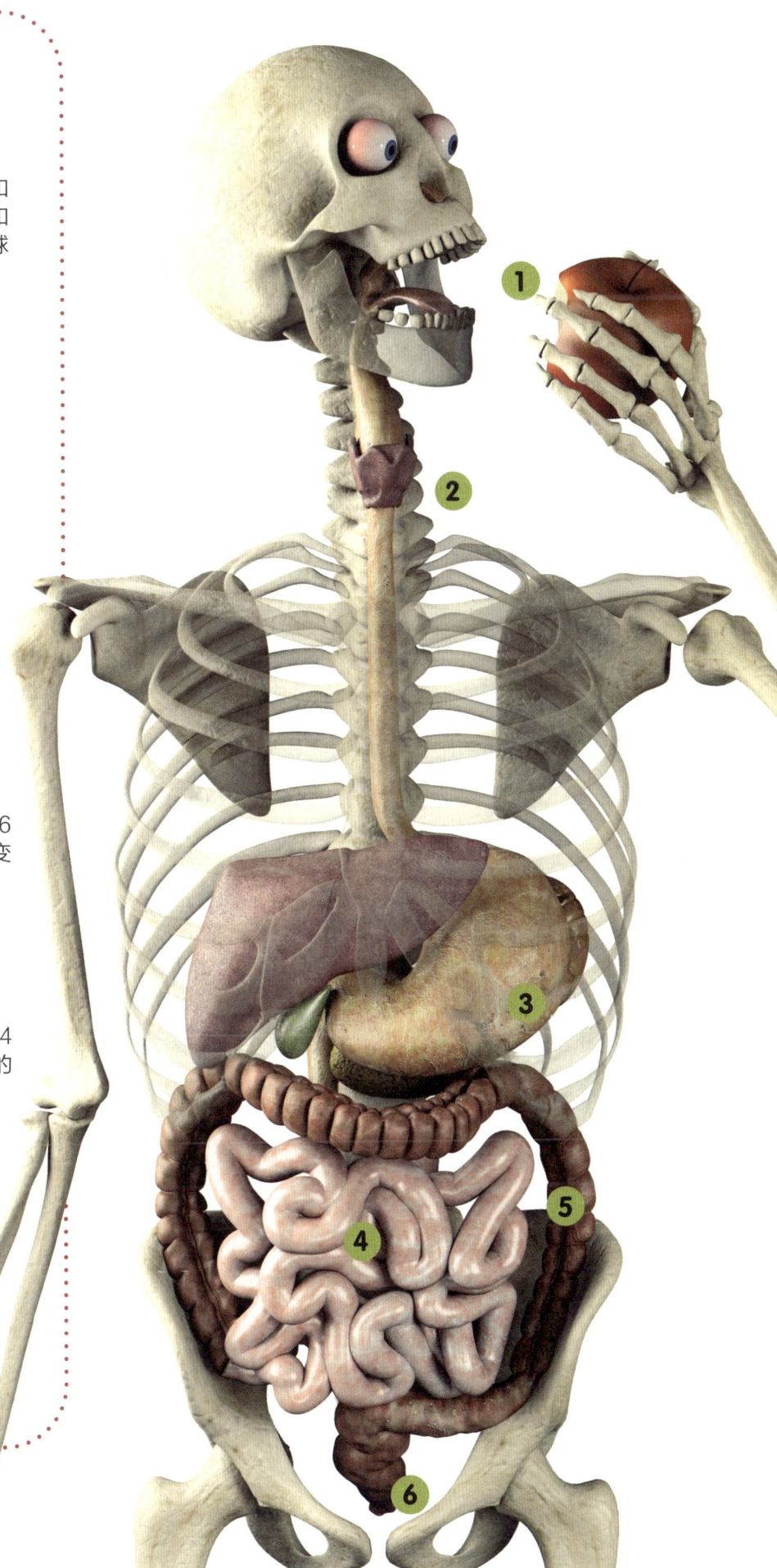

内分泌系统

内分泌系统是一个腺体网络，能产生叫作荷尔蒙（即激素）的化学物质，维护各项身体机能的正常运行。整个内分泌系统由颅底的脑垂体控制，另外还有八个腺体，分布在脑、颈部和躯干。

50 种
人体能产生的激素种类超过50种。

激素

这些化学物质经由血液运输，将各种信息和指令传达给身体的特定部位，指导它们的工作，主要包括繁殖、生长和消耗能量的（新陈代谢）速度等。例如，在怀孕前，女性卵巢会释放出激素，让身体做好接受受精卵的准备。

身体生长

在长身体的过程中，几种激素共同控制着人体的生长速度和体征表现。这些激素里，许多是由脑垂体分泌的。人脑可以分为数个功能区，其中被称为下丘脑的部分控制着脑垂体的活动，再由后者控制其他内分泌腺的功能。

完成使命后，激素会被肝脏分解成无害的物质。

疾病

内分泌腺产生的激素可能会过量或不足，进而导致各种疾病。例如糖尿病，可能是由胰岛素缺乏引起的。

内分泌系统 **24**

控制
甲状腺是最重要的腺体之一，位于气管中，控制着体内能量的产生和组织的生长速度。

甲状腺
甲状腺是位于咽喉前部的腺体，看起来像一只蝴蝶。

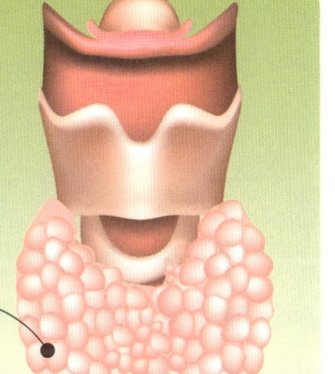

胰腺
胰腺能分泌胰岛素和胰高血糖素，它们与控制血糖浓度有关。

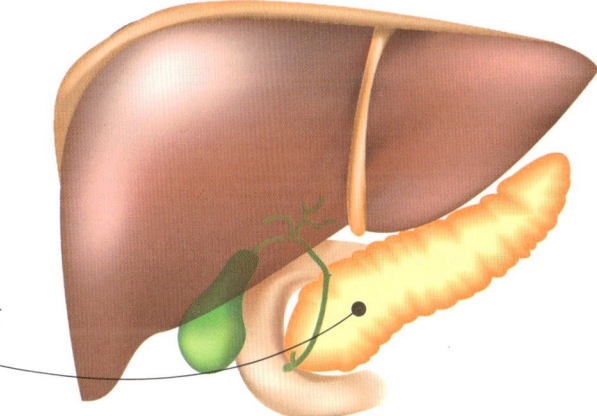

胰腺
胰腺在肝的下方，与肠道相连。

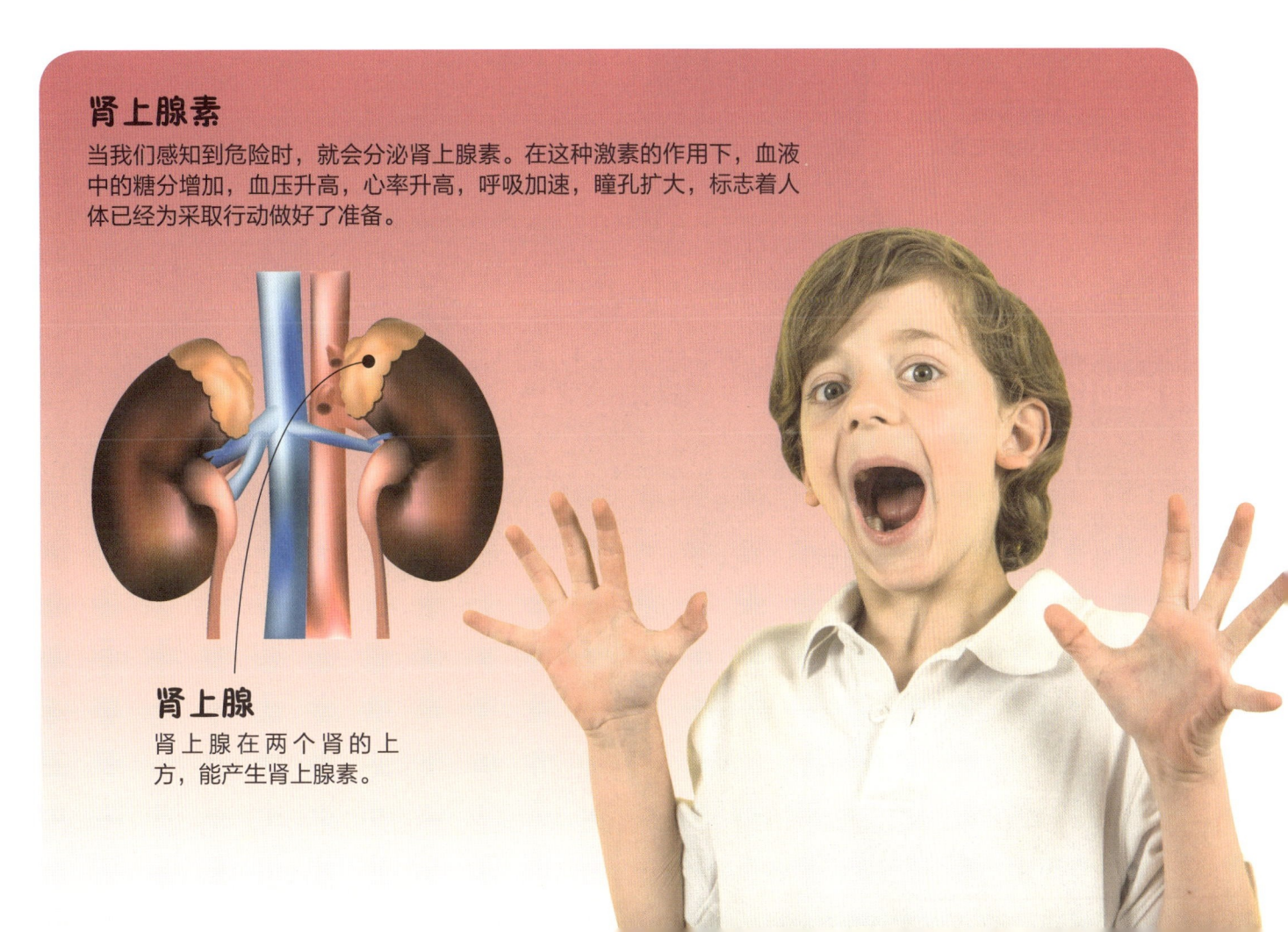

肾上腺素
当我们感知到危险时，就会分泌肾上腺素。在这种激素的作用下，血液中的糖分增加，血压升高，心率升高，呼吸加速，瞳孔扩大，标志着人体已经为采取行动做好了准备。

肾上腺
肾上腺在两个肾的上方，能产生肾上腺素。

神经系统

神经系统由中枢神经系统和周围神经系统这两部分组成。中枢神经系统包括脑和脊髓，而其他部位的神经则组成了外周神经系统。

神经

神经看起来像是由多股细线组成的微型线缆。我们称之为神经纤维，其作用是将神经信号从身体的一个部位传送至另一个部位。

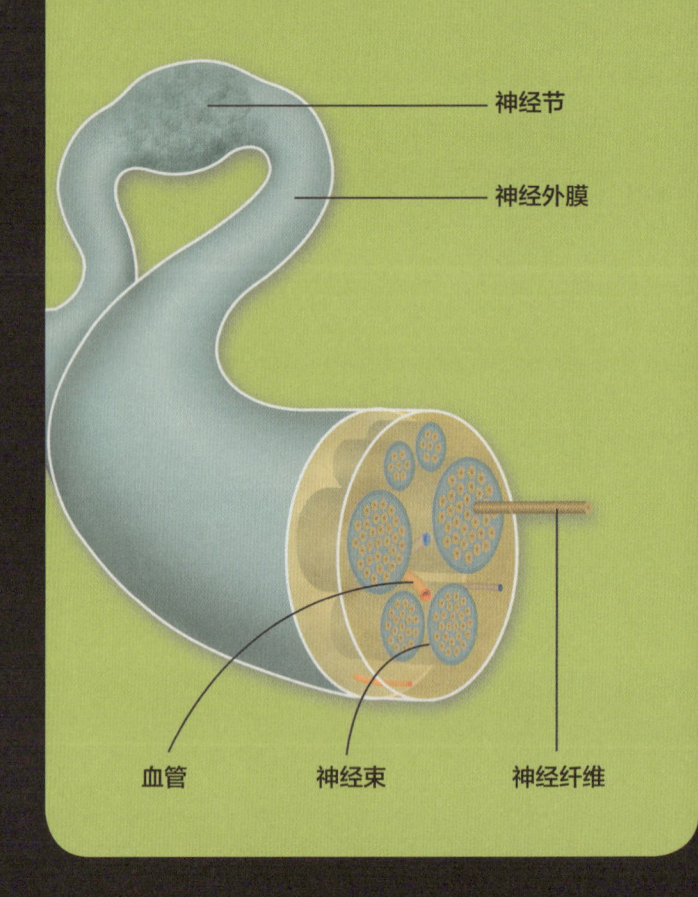

- 神经节
- 神经外膜
- 血管
- 神经束
- 神经纤维

出生后的第一年，人脑的大小会长成原来的三倍。

睡眠的价值

人类一生中，三分之一的时间都是用来睡觉的。大脑利用这段时间来处理白天收集的信息。

100 米

信号在神经系统中传递的速度是每秒100米。

反射

反射是一种反应，大多数由脊髓控制，但我们无法有意识地去改变或阻止反射。相应的信号通过神经传导给脊髓，在那里被解码成相应的指令并付诸实践，全过程没有人脑的参与。

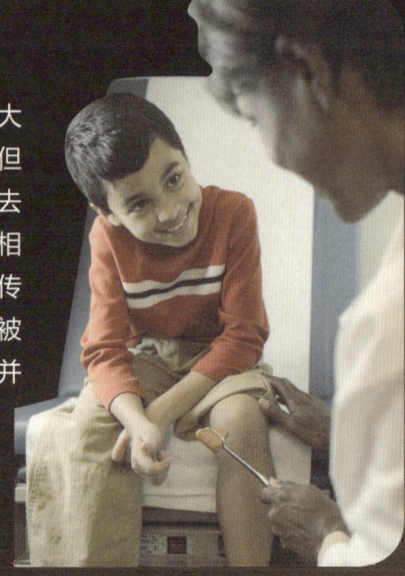

神经系统

大脑
这是神经活动的中心。

小脑
小脑是人脑的一部分,负责保持人体平衡和动作协调。

脊髓
脊髓连接着中枢和外周神经系统。

正中神经
控制着与手腕运动相关的肌肉。

尺神经
控制着与手的运动相关的肌肉。

周围神经系统
由12对脑神经和31对脊神经组成,前者与大脑相连,后者与脊髓相连。这些主要神经又各自分出许多不同的神经支系。

面神经
面神经控制着面部肌肉。

指掌侧总神经
这些神经控制着手部的肌肉。

腰丛
肩部和大腿以下部分的运动是由腰丛控制的。

坐骨神经
这根神经控制着臀部的肌肉。

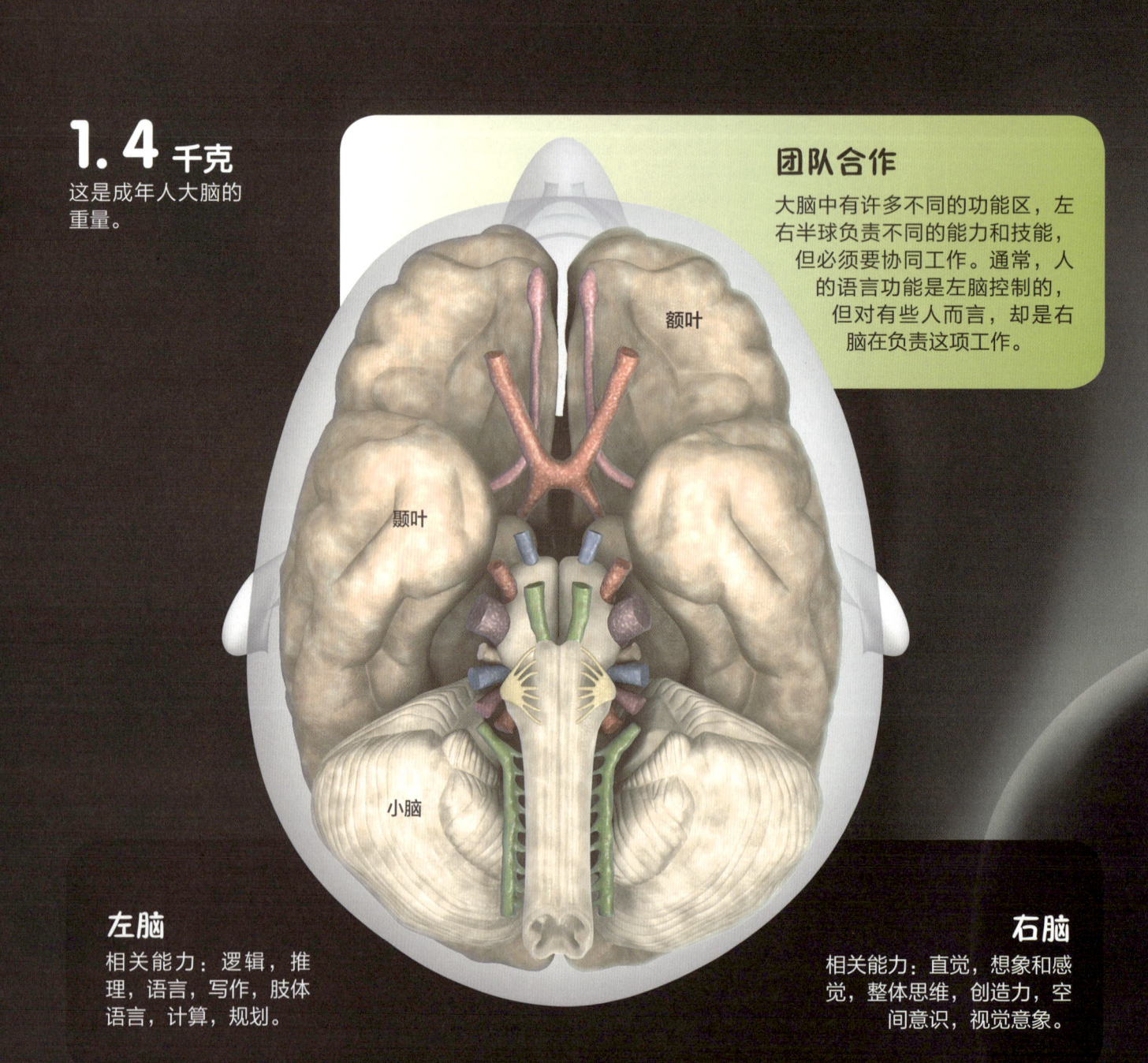

脑

脑 是神经系统的主要器官，控制着身体的每一个动作。它被分成两个半球，然后划为四个部分，称为脑叶。

1.4 千克
这是成年人大脑的重量。

团队合作
大脑中有许多不同的功能区，左右半球负责不同的能力和技能，但必须要协同工作。通常，人的语言功能是左脑控制的，但对有些人而言，却是右脑在负责这项工作。

额叶

颞叶

小脑

左脑
相关能力：逻辑，推理，语言，写作，肢体语言，计算，规划。

右脑
相关能力：直觉，想象和感觉，整体思维，创造力，空间意识，视觉意象。

脊髓

脊髓在脊柱内部，与大脑共同组成中枢神经系统，主要负责把神经信号从大脑传送到身体的其他部位。脊髓由脊膜保护，这种薄膜能阻挡有害物质，但脊髓仍然可能因各种原因被损伤。脊髓损伤会导致严重残疾，例如躯干和四肢失去知觉。

- 灰质
- 白质
- 脊膜
- 感觉神经根
- 运动神经根
- 椎骨

通过呼吸作用进入肺部的氧气，有20%是输送给大脑的。

视觉

眼睛能让我们在触摸物体之前就知道它们的颜色、形状等直观的感觉。我们还可以用眼睛判断物体的距离或移动的速度。眼睛里有大量对光敏感的细胞。

中央凹
中央凹是视网膜的中心部分，能够产生非常清晰的图像。

视神经
来自视网膜的信号通过视神经传递给大脑。

眼肌
在眼肌的协助下，眼睛可以向任何方向移动。

我们每天眨眼大约2万次，这个动作是通过眼睑的肌肉完成的。

拍照
双眼之间有一段距离，因此，每只眼睛看物体的角度是有些微不同的。这时，大脑就负责处理来自每只眼睛的信息，并把它们合成一张图片。

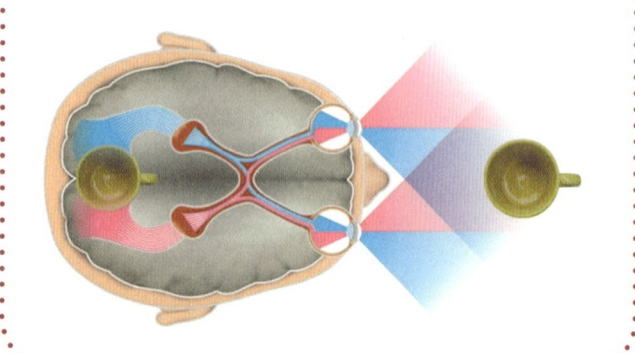

视网膜
视网膜将光转化为神经信号。

虹膜
进入眼睛的光量由虹膜控制，它让我们通过眼睛可以看见颜色。

玻璃体
这是晶状体后面的果冻状液体。

巩膜
一层硬膜,是眼球的主要构成部分。

视觉的产生
当我们看向一个物体时,它发出的光会通过角膜和晶状体进入眼睛,并在到达视网膜之前,一直处于聚焦的状态。在视网膜上,这些光线投射出物体的倒立图像。视网膜将这些信息沿着视神经传送给大脑,后者会把图像转成正常方向。

1.3亿
这是视网膜细胞的数量。

角膜
是一种透明膜,可以改变光线进入眼睛的方向。

保护

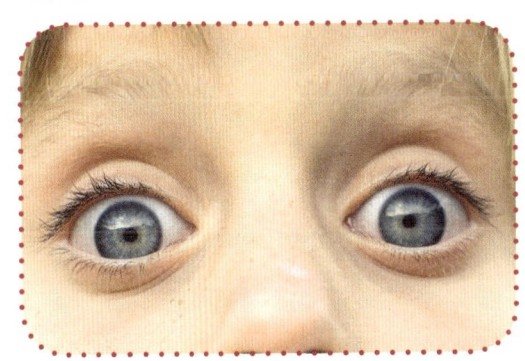

眼睛很容易受损,必须保护它们免受空气中可能的灰尘和污垢的伤害。第一层保护是眼睑,还能清洁眼睛,并通过涂抹泪腺产生的液体来保持眼部湿润。眼睑上的睫毛能避免眼睛受到强光直射,而眉毛则可防止汗水进入眼睛。

晶状体
晶状体通过改变形状,使光线聚焦在视网膜上。

瞳孔
是虹膜上的一个开口,光线穿过它到达视网膜。

视觉 30

听觉

通过耳朵，人类能听到各种各样的声音，并分辨它们的来源和相互之间的区别，比如响度、音调和音色。此外，耳朵还能帮助我们保持身体平衡。

2.6 毫米

这是镫骨的大小。镫骨位于耳内，是人体最小的骨头。

保持平衡

人类的耳朵里有很多充满液体的通道。当液体流动时，就意味着身体在移动。大脑通过耳朵和眼睛获取信息，并利用这些信息来保持身体平衡。当我们在船上时，眼睛感觉不到运动，但耳朵却能感受到，这会扰乱大脑的判断，使我们感到眩晕。

耳朵

耳朵有三个不同的区域。其中，外耳就是我们能看到的耳朵，它不仅能将声音的振动传导到耳朵的其他部分，还起到保护耳朵的作用。接受到振动后，中耳会传给内耳，内耳将振动转化为神经信号，然后传递给大脑。最后，大脑把这些信息转换成声音。

响度、音色和音调

耳朵能辨别出声音的三种属性，即响度（声音的大小）；音色（声音的特征）和音调（声音的高低）。

听觉 32

外耳
声音引发的振动由外耳向内传导。

外耳道
振动经由外耳道传导给耳膜。

半规管

前庭神经

鼓膜
隔开了外耳和中耳。

听骨
这三根小骨把振动传给圆窗。

咽鼓管
这根管把耳朵与鼻子和咽部相连。

圆窗
圆窗振动改变耳蜗内液体的压力。

耳蜗神经
耳蜗神经将神经信号传送给大脑。

耳蜗
振动通过耳蜗转化为神经信号。

外耳由皮肤和软骨构成。在我们的一生中，外耳会不断生长。

嗅觉和味觉

味觉器官和嗅觉器官的工作方式有些相似，这两种感觉也往往是一同产生的。我们用舌头感受溶解在唾液中的食物的味道，用鼻子感受空气中的各种气味。

舌头

舌头上覆盖着一万多个味蕾，当它们与食物接触时，味觉感受细胞就会将信号传递给大脑。

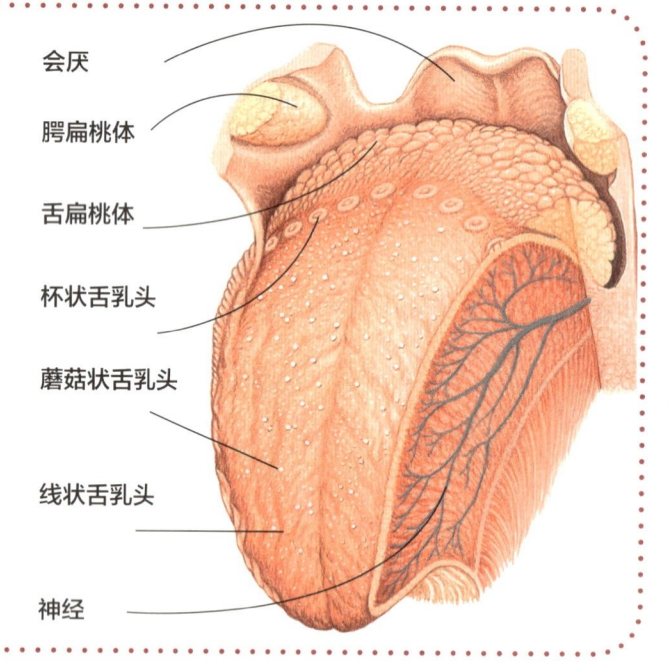

会厌
腭扁桃体
舌扁桃体
杯状舌乳头
蘑菇状舌乳头
线状舌乳头
神经

五味

人类可以识别五种不同的味道，即甜、酸、苦、咸、鲜。其中，鲜味来自一种叫作谷氨酸的物质，它主要存在于肉和奶酪中。

嗅觉的产生

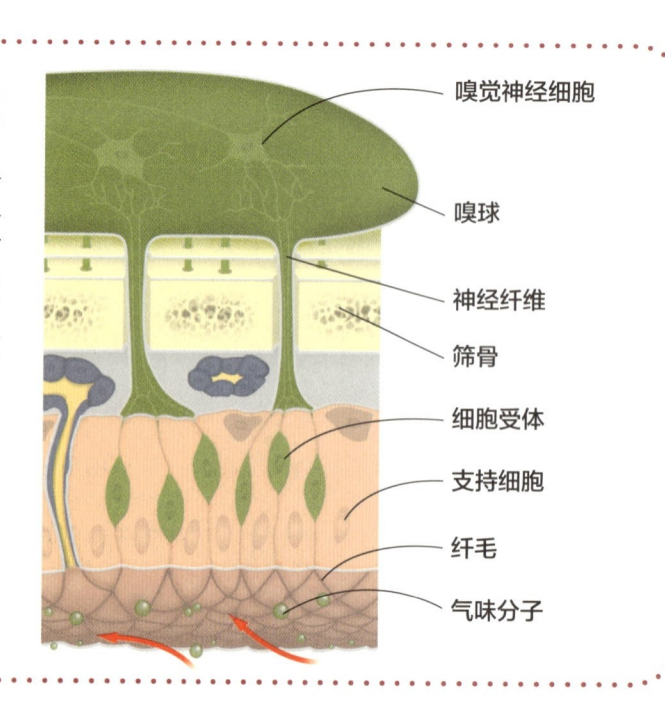

气味感受器在鼻子里。当我们吸气时，气味分子溶解在覆盖感受器的黏液中，而被称为纤毛的微小毛发就会将信号传递给大脑，由大脑识别气味。

嗅觉神经细胞
嗅球
神经纤维
筛骨
细胞受体
支持细胞
纤毛
气味分子

狗的鼻子里有2亿或者更多的嗅觉神经细胞，而人的鼻子里只有大约500万个。

嗅觉和味觉 **34**

嗅球
嗅球在鼻子后面，可以通过神经向大脑发送信号。

嗅神经纤维
它们构成了嗅觉神经。

三叉神经
将触觉信号从面部和口腔传送到大脑。

舌咽神经
在舌根处收集味觉。

鼻孔
气味从鼻孔进入。

舌头
舌头能感知到味道。

10 000
这是人类用鼻子能闻到的气味数量。我们的嗅觉比味觉要敏感很多，这就是为什么感冒的时候，好像食物一点味道都没有。

淋巴系统

淋巴系统是免疫系统最重要的组成部分，能够保护身体免受疾病的侵袭。淋巴液是体液的一种，它们经由淋巴系统回流到血液中。这个系统由淋巴管网组成，淋巴管连接着脾、胸腺、淋巴腺、扁桃体、腺样体和其他组织。

过敏
当免疫系统对身体通常耐受的物质产生反应时，就会产生过敏。

40 000
我们打喷嚏时，从鼻子和嘴巴里能飞出4万个微小颗粒。

淋巴腺
淋巴细胞和巨噬细胞是两种不同类型的白细胞，淋巴腺通过它们与疾病作斗争。这些血细胞都是在骨髓中产生的。

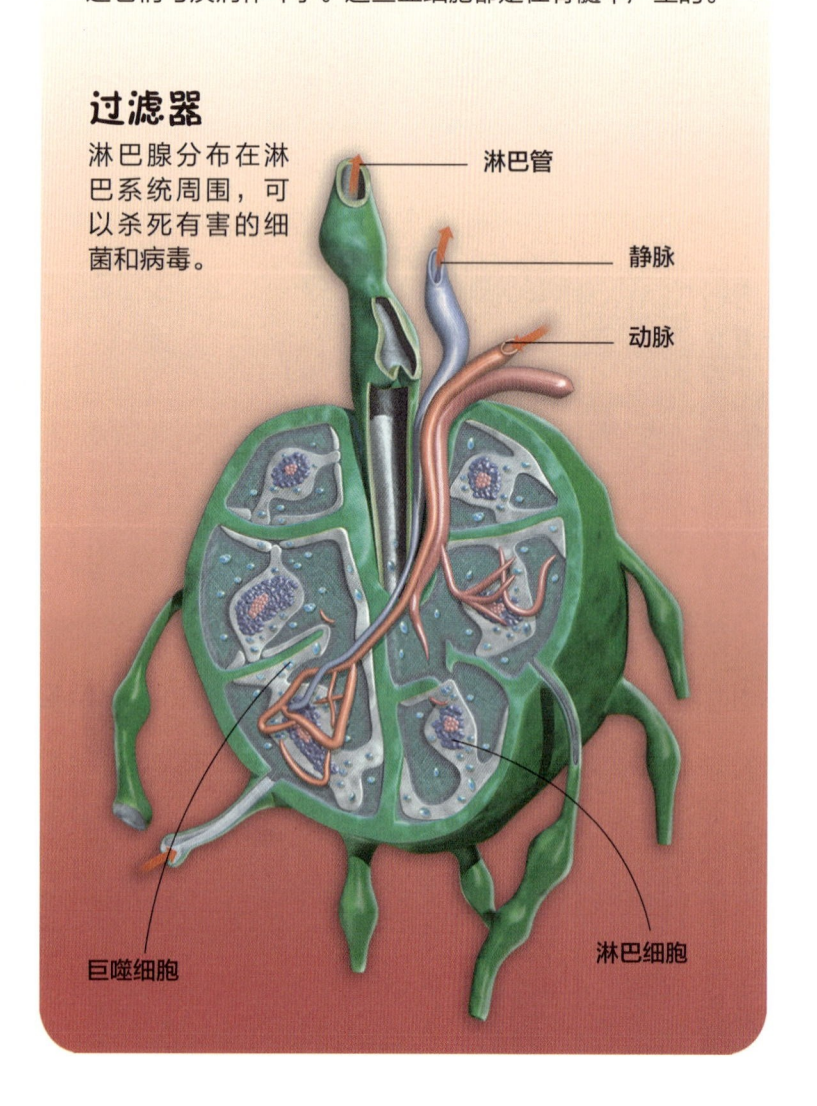

过滤器
淋巴腺分布在淋巴系统周围，可以杀死有害的细菌和病毒。

- 淋巴管
- 静脉
- 动脉
- 巨噬细胞
- 淋巴细胞

淋巴细胞
淋巴细胞是最小的白细胞，它通过杀死感染病毒的细胞来保持人身体健康。

其他防御
眼泪等体液也可以保护身体、杀菌，但它不属于淋巴系统。

淋巴系统 36

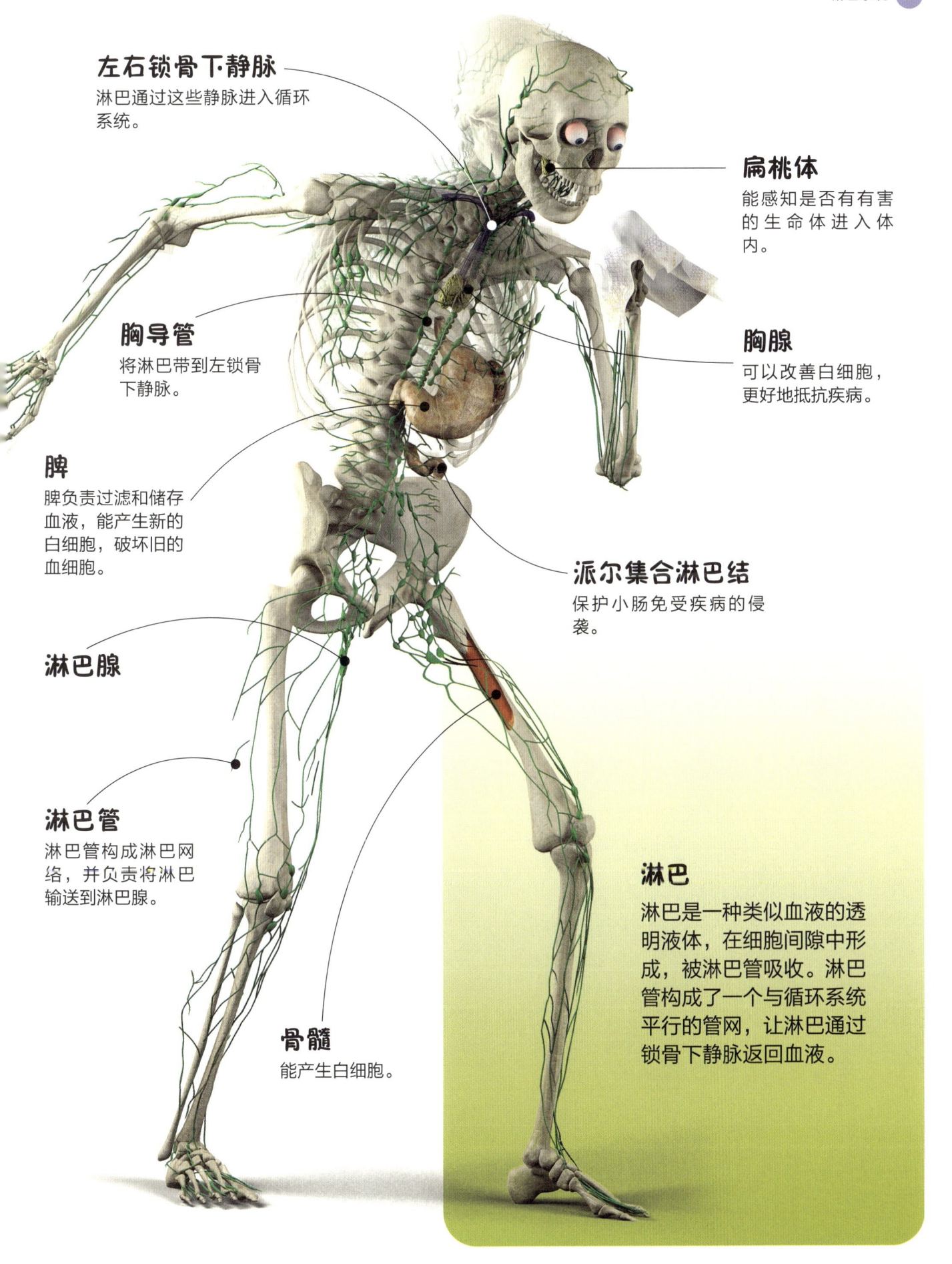

左右锁骨下静脉
淋巴通过这些静脉进入循环系统。

扁桃体
能感知是否有有害的生命体进入体内。

胸导管
将淋巴带到左锁骨下静脉。

胸腺
可以改善白细胞，更好地抵抗疾病。

脾
脾负责过滤和储存血液，能产生新的白细胞，破坏旧的血细胞。

派尔集合淋巴结
保护小肠免受疾病的侵袭。

淋巴腺

淋巴管
淋巴管构成淋巴网络，并负责将淋巴输送到淋巴腺。

骨髓
能产生白细胞。

淋巴
淋巴是一种类似血液的透明液体，在细胞间隙中形成，被淋巴管吸收。淋巴管构成了一个与循环系统平行的管网，让淋巴通过锁骨下静脉返回血液。

版权专有 侵权必究

图书在版编目（CIP）数据

万物有道理：图解万物百科全书：全5册 / 西班牙Sol90公司著；周玮琪译. —北京：北京理工大学出版社，2021.5

书名原文: ENCYCLOPEDIA OF EVERYTHING!

ISBN 978-7-5682-9478-2

Ⅰ.①万… Ⅱ.①西… ②周… Ⅲ.①科学知识—青少年读物 Ⅳ.①Z228.2

中国版本图书馆CIP数据核字（2021）第016021号

北京市版权局著作权合同登记号　图字：01-2020-6287

Encyclopedia about Everything is an original work of Editorial Sol90 S.L. Barcelona

@ 2019 Editorial Sol90, S.L. Barcelona

This edition in Chinese language @ 2021 granted by Editorial Sol90 in exclusively to Beijing Institute of Technology Press Co.,Ltd.

All rights reserved

www.sol90.com

The simplified Chinese translation rights arranged through Rightol Media （本书中文简体版权经由锐拓传媒取得Email:copyright@rightol.com）

出版发行 /	北京理工大学出版社有限责任公司	
社　　址 /	北京市海淀区中关村南大街5号	
邮　　编 /	100081	
电　　话 /	（010）68914775（总编室）	
	（010）82562903（教材售后服务热线）	
	（010）68948351（其他图书服务热线）	
网　　址 /	http：//www.bitpress.com.cn	
经　　销 /	全国各地新华书店	
印　　刷 /	雅迪云印（天津）科技有限公司	
开　　本 /	889毫米×1194毫米　1/16	
印　　张 /	13.5	责任编辑 / 马永祥
字　　数 /	200千字	文案编辑 / 马永祥
版　　次 /	2021年5月第1版　2021年5月第1次印刷	责任校对 / 刘亚男
定　　价 /	149.00元（全5册）	责任印制 / 施胜娟

图书出现印装质量问题，请拨打售后服务热线，本社负责调换